（右頁）波のトンネル → p.19

（左頁）秩父川瀬祭 神輿の禊ぎ → p.34
● 埼玉県秩父市 秩父神社 ● 7月19日、20日
350年以上の歴史を持つ、冬の秩父夜祭と対になった夏の祭り。1日目の夜には若者が荒川で汲んだ水を町内に撒いて清める「お水取り神事」が行われ、2日目には40人ほどの若者が、重量約400kgもの白木造りの神社神輿を担いで荒川の中を威勢よく進み、川の水を神輿にかけて洗う「神輿洗い」の儀式が行われる。

通潤橋の放水（熊本県上益城郡山都町）→ p.22

葛飾北斎〈冨嶽三十六景　甲州石班澤〉→ p.33
すみだ北斎美術館

文字二連水車（宮城県栗原市）→ p.28

錦見の滝（秋田県鹿角市）→ p.16

京極のふきだし湧水（北海道虻田郡京極町）

水を見る

秘めたるかたちと無限のちから

水の団扇

「湯水のごとく」とは、空気と同様、ふんだんに使うことができるというたとえです。水は生命の源であり、私たちは水を飲み、料理に使い、さまざまなものを洗い、流す。その存在は当たり前すぎるため、断水や災害に直面してはじめて水の大切さを思い出します。

また、広大な川や海を前にしたとき、その大きさゆえに「水」を感じることは稀です。しかし小川や細い樋の中を音を立て流れるさまを見るとき、水車や噴水から落ちる先を目で追うとき、「かたち」や「ちから」、その美しさや水ならではの音に魅せられたり、感動を覚えたりすることがしばしばあります。いつも目にしているはずの水が、ふとした瞬間に見せるちょっと違うかたちに心が動く。ときにはわざわざ足をのばして水を見に行く。逆に身近な暮らしや近所の公園でも見方を変えるだけで、どきどきする。水を見ることに喜びを感じるのは、忘れていた私たちの源を懐かしく想起させられるからかもしれません。

この本のなかには、水のかたちとちからを楽しく感じるためのヒントとガイドが集まっています。

目次

※この冊子は、INAXライブミュージアム「水を見る―秘めたるかたちと無限のちから」展と併せて刊行されたものです。

水のすがたの成り立ち

小塩哲朗 おじお てつろう

水に形はあるでしょうか？ 普通の感覚では水に形はないといえます。また、「水は方円の器に随う」という諺もあります。四角（方）でも丸（円）でも、どんな形の器にも水は入り、その器の形になるわけです。また、それを利用してさまざまな形の器に水を入れて凍らせることで、人が思ったとおりの形の氷をつくることができます。

このような形の自由さは、本質的には水だからということよりも、「液体である」ということのほうが根本的な理由です。しかし水には水特有の性質があり、ほかの液体とは少し違う現象も現れてきます。

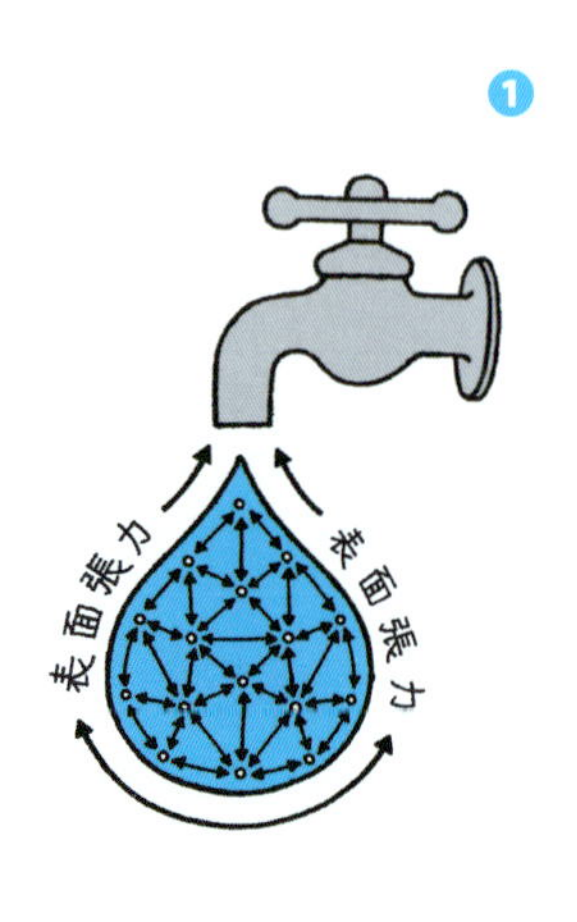

滴の形をつくる水分子の表面張力

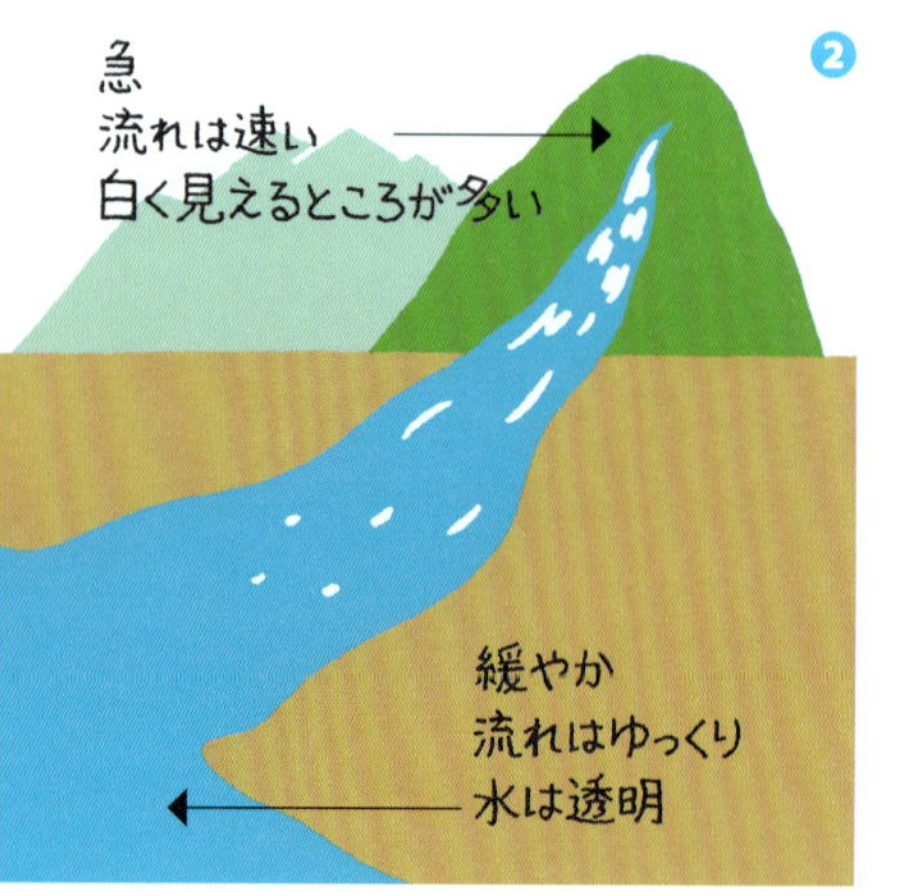

川の上流と下流では水の見えかたが違う

滴…1

水道の蛇口をひねると、ポタポタと水がたれてきます。蛇口を少しずつ絞っていくと、ポタポタは間欠的になり、やがて一滴ずつ落ちていく「滴」になりますね。

この滴には、水の性質の一つ「表面張力」が現れています。ご存知のように、いわゆる「水」は水分子の集まりですが、その水分子は互いに引っ張り合い、まとまろうとする力がはたらいています。この力は「水」の中であれば水分子と水分子のあいだで相互にはたらいていますが、空気との境である水面上には相手の水分子がおらず、水面で隣り合う分子が引っ張り合っています。これが「表面張力」です。分子は目に見えないのですが、分子のあいだではたらく力が、滴という形として目に見えるのです。

川の流れ…2

地球上では、雲から雨が降り、それがやがて川となって海へと流れていきます。その川の流れもまた、水の姿の一つです。川の上流では、早く急な流れが大きな岩の間を縫ってほとばしりますが、下流に行けば行くほどゆったりとたゆたう姿に変わります。

上流の特徴を挙げるとすれば、水は透明であるはずなのに白く輝く流れとなっていることでしょうか。もちろん、中に入った空気が立役者です。日本の川の上流部は、傾斜のきつい山の中にあることが多いですね。傾斜がきついということは流れが速くなるわけですが、ここで「流体」の特徴が出てきます。

「流体」とはその字のごとく流れるものです。流体には、ごく大ざっぱにいえば、ゆっくり流れるときは整然と流れるが、速くなると乱れる、という性質があります。水道の蛇口から少し水を出している時には、透明で、きれいな水の流れですね。この状態は「整流」で上から下へ整然と水が移動しているのです。いっぽう、勢いよく出すと空気が入り込んで白っぽく見えます。これは乱れた流れ、すなわち「乱流」となっています。川の上流で、傾斜が急なせいで流れの速度が速いと、表面から空気が入りやすくなり、結果として白い流れが見えるのです。滝も同じです。

さて下流へやってきました。川幅も太くなり、流れもずいぶんゆっくりです。こうした状況では、水は表面に関してはほぼ整流となっていると考えてよいでしょう。ところどころ瀬になっている場所を除けば、空気が入り込んで白く見えるところは、上流に比べると少なくなります。

気象現象…❸

地球の大気と太陽系のほかの惑星の大気には、いろいろな違いがありますが、そのうちの一つに水の存在が挙げられます。しかも、水蒸気（気体）、いわゆる水（液体）、氷（固体）と、水の三態と呼ばれる三つの状態のどれもが存在できるのが、地球の大気なのです。ほかの惑星では、寒すぎて氷しかなかったり、熱すぎて水蒸気しかなかったりします。

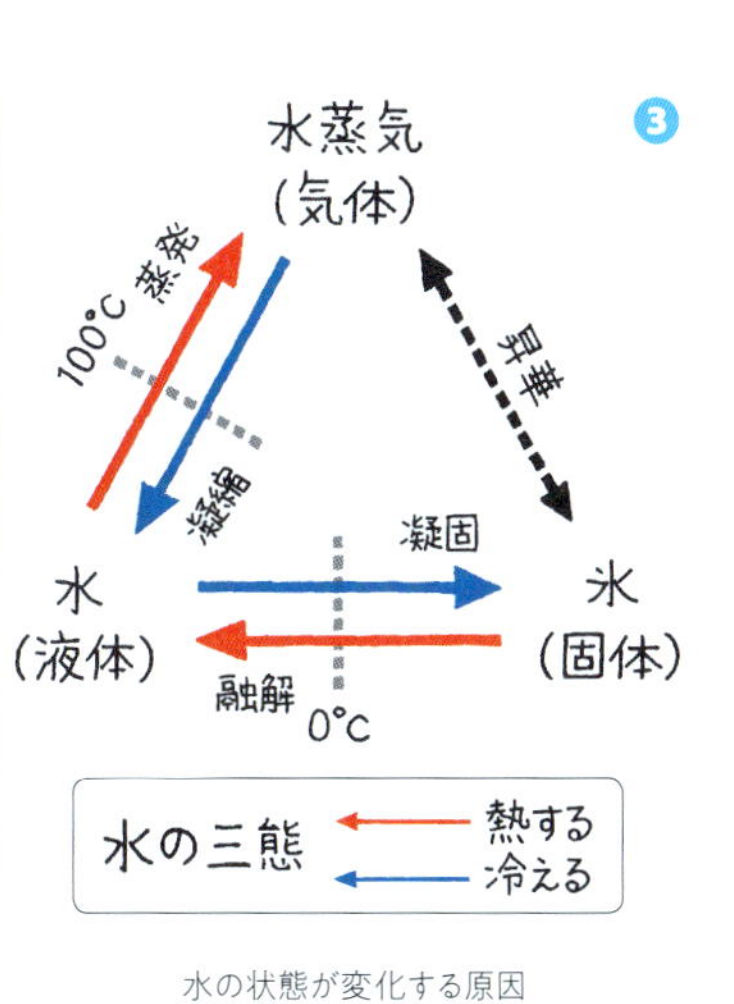

水の状態が変化する原因

夏の風物詩である積乱雲も水の形の一つ
© TommyTake – stock.adobe.com

❹
雨粒一つにも空気抵抗がかかり、形に影響を及ぼしている

さて、大気中の水で最も見応えがあるのは雲でしょう。雲は、地表面の水蒸気が上昇気流で上空へ運ばれ、冷やされることで生まれます。そのできかたとできる場所の高さで十種類に分類されますが、このうち、特にダイナミックなのは、夏の風物詩といわれる積乱雲です。夏は太陽が強く照りつけて気温が高くなるので、地面近くの空気も高温になり、ほかの季節よりも上昇気流が強く、勢いよく上昇していくと考えればよいでしょう。もくもくとわきあがる積乱雲は、さまざまな形を見せてくれます。

雨の形…❹

もう一つ、地球の大気の水で注目したいのは雨です。水蒸気から雲ができ、雲の粒がある程度大きくなると、雲の中の上昇気流にさからって落下します。最初にできた粒は水滴でなく雪の結晶である場合もありますが、落ちる間に暖かいところを通れば融けて液体の雨となります。

写真❹の雨粒の形は、絵本などでは滴の形に描かれますが、実際はそうではなく、空気の抵抗のせいで平べったくなっています。落ちつつある雨粒を観察できるのは高性能カメラくらいですから、滴型を想像するのは無理もありません。しかし、下から空気を送りつつ水滴を浮かべてみると、たしかにおはじきのような形であることがわかります。

氷のふしぎ…5

雪の形にもいろいろありますが、基本は六角形です。六角形の頂点から枝がまっすぐ外に伸びたり、あるいはその枝から六角形の部分ができたりします。なぜ六角形かというと、水の分子の形のせいです。水は酸素原子一個と水素原子二個でできていますが、真ん中の酸素原子に対して二つの水素原子は一直線ではなく、少し曲がってやじろべえのようにくっついています。この形のせいで、集まって結晶になるときには六角形ができやすく、それが雪の結晶の基本形である六角形として現れるのです。

また、詳しい説明は省略しますが、このやじろべえ型をしていることが、水より氷のほうが密度が低くなり、氷が水に浮かぶ原因となっています。

液体の状態の物質を冷やしていくと密度が高くなり、やがては固体となります。このとき、普通の物質は固体のほうが密度が高く、液体の状態に固体を浮かべようとしても沈んでしまいます。試しにサラダ油に氷を入れてみるとわかります。

ところが皆さんご存知のように、氷は水に浮きますね。これは目には見えない水分子の形が、目に見える「氷が水に浮く」という現象に関係しているということなのです。

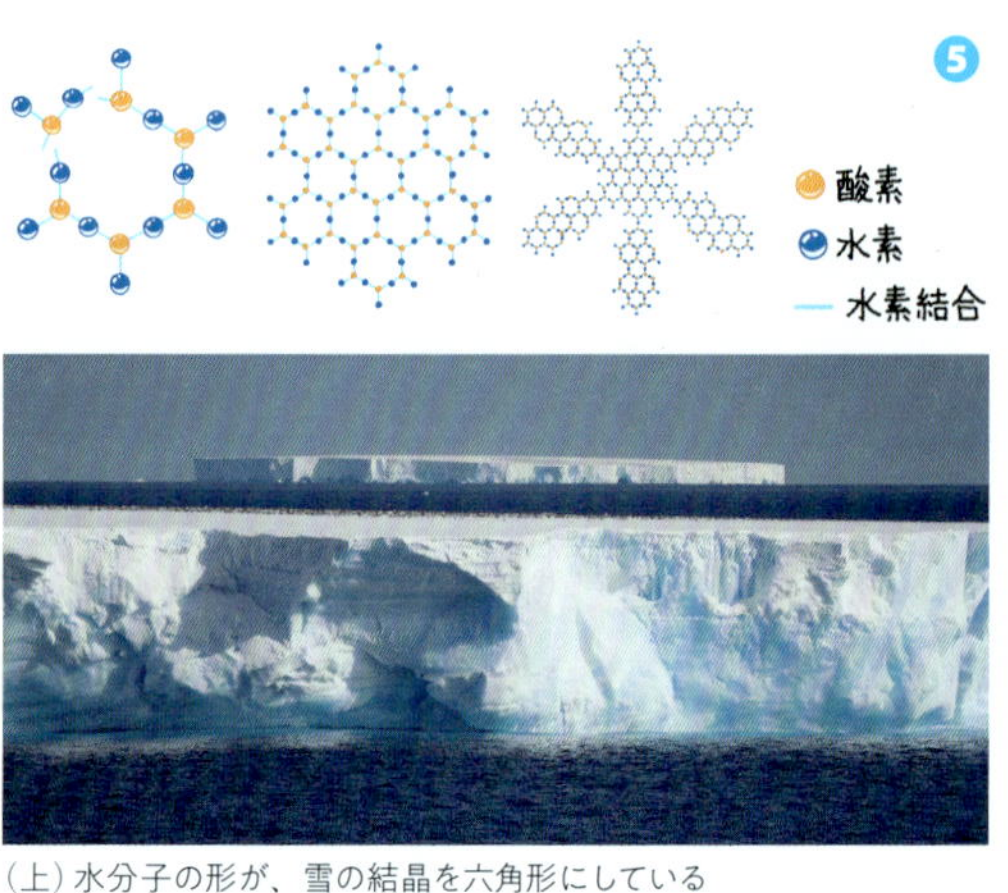

（上）水分子の形が、雪の結晶を六角形にしている
（下）南極海。氷は水に浮く。写真は筆者による

6

放物線

重力

地球の重力に引っ張られながら
水が飛んでいくので放物線を描く

（上）放物線と重力の関係
（下）噴水が描く放物線 © 村山直章

噴水…6

水を上に向かって噴き上げるようにつくられているのが噴水です。噴き出す向きが真上であったり、斜めや横であったり、また噴き出しかたも太さ、幅、本数など実にさまざまです。しかしそれらすべてに共通するのは、地球の重力のはたらきです。

無重力状態では、噴き出された水はそのまま一直線に進むだけですが、地球上の噴水では水が重力に引かれて落下します。このときに水が描く軌跡は、必ず放物線となります。放物線の性質は古代ギリシアの時代から数学上の問題として知られていましたが、かのガリレオ・ガリレイが四百年前に、「放」り投げられた「物」が描く軌跡（線）が放物線と同じになることを確かめています。

噴水の水の噴き出しかたも、さまざまなデザイン上の工夫が凝らされています。川の流れ（八頁）のところで「整流」と「乱流」のお話をしましたが、整流になるような噴き出しかたにすれば透明な水の流れが、いっぽう乱流になるようにすれば空気が入り込み、白い噴き出しが見られます。さらに、流れ続けるのではなく間欠的に噴き出すしくみを持つ噴水もあります。実にさまざまな噴水がつくられ、どれも必ず地球の重力を受けて放物線を描いています。それぞれがどのような水の噴き出しかたなのか、またどのように放物線を描いているのかを考えながら見るのも楽しいと思います。

波…7

静かな池や湖に何かがポチャンと落ちると、その場所を中心に波が起こり、同心円状に伝わっていきます。波は、本来はエネルギーだけが伝わっていく現象で、物理学的には、「波長」「振幅」「周期」の三つの性質によって定義されます。波長というのは、一つの波と次の波との間の距離、振幅は波の高さ、周期は一つの波が通過した後、次の波が来るまでの時間だと考えればよいでしょう。

波が起こる原因はさまざまですが、風にせよ物にせよ、水面を押し下げることがはじまりです。押し下げられた部分が戻ろうとしたときに「勢い余って」元よりも高く盛り上がってしまい、重力によって引かれて下がりますが、これまた「勢い余って」下がりすぎ……ということの繰り返しで波となります。

実際の海の波は、さまざまな周期・波長の波が重ね合わされています。またそれに伴って、水も少しずつ移動しています。ですから、浮いているものが波で流されていくのです。

海の波は、深さによって進みかたが違います。これは、海底の影響を受けるかどうかで決まります。海底の影響を受けないようなところでは、波長が長いほど早く伝わります。台風の強風でつくられる波のうち、小さなものは伝わる速度が遅いのと早く弱まることとによって遠くまでは伝わらず、うねりと呼ばれる波長の長いものが、台風本体にさきがけて日本まで到達するのです。

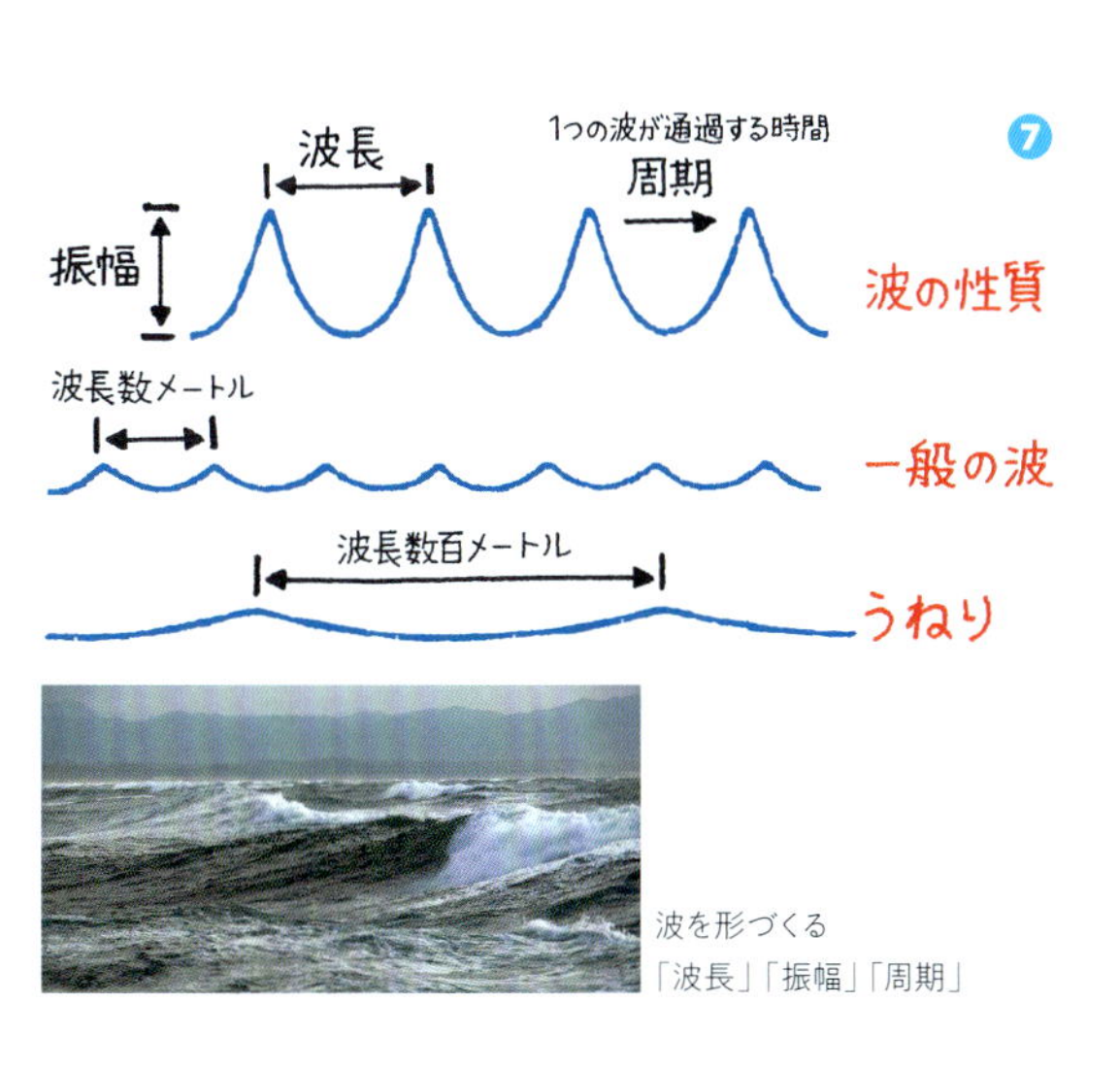

波を形づくる
「波長」「振幅」「周期」

8
速度の違う流れ
渦に

（右）渦の成り立ち
（左）鳴門の渦潮

渦…8

流体の大きな特徴の一つ、渦。渦は、動いている流体の中で、ある部分がほかの部分と違う速度で移動することで起きます。

海の渦といえば、有名なのは鳴門の渦潮でしょうか。瀬戸内海のこのあたりは、海の満ち干きのたびに大量の海水が狭い海峡を通じて流れ込んだり、流れ出したりしており、その速さは時速二〇キロメートルにもなります。岸に近いところは、当然もっとゆるやかにしか流れません。この速度差によって、最大で直径二〇メートルにもなる渦ができるのです。

もう一つ、渦というと台風などを思い出されるかもしれません。台風は空気の渦ですが、その成り立ちには水が水蒸気になる、水蒸気が雨になって熱を放出する、それが台風の原動力になるなど、水と密接なつながりがあります。さらに台風が渦を巻いているのがわかるのは、台風を構成する雲が渦巻きになっているからです。その渦は、地球が太陽に熱せられることではじまり、地球の自転によりもたらされます。台風は、南の熱帯地方で生まれ、そのエネルギーを北の寒い地方へ持って行きます。太陽や星の動き以外に地球の自転を感じることはありませんが、台風はそのような巨大なスケールでできており、圧倒的な大きさの水の姿の一つだといえるのではないでしょうか。

しずくをつかまえる

間々田和彦 ままた かずひこ

今から百年以上前、アメリカの雪のアマチュア研究家、ウィルソン・ベントレー（一八六五－一九三一年）は、水滴が小麦粉の中に入ると、そこに水滴とほぼ同じ大きさの小麦粉の玉が生じることを利用し、雨の降りかたの違いを報告しました。ベントレーが用いた方法で、雨のしずくをつかまえてみましょう。雨の日に、二人以上でおこないます。はじめる前に、雨のしずくの大きさを予想してみましょう。

1. しずくをつかまえる

準備するもの

準備

1 シール容器に小麦粉を1㎝程度入れます。

2 空き缶のフタを取り、代わりにガーゼをかぶせます。

3 ここからは二人一組で作業します。ガーゼが缶の中に落ちてしまわないよう、一人が手のひらでガーゼと缶をおさえます。もう一人が、ガーゼの中心を3㎝ほど缶の中に凹ませます。

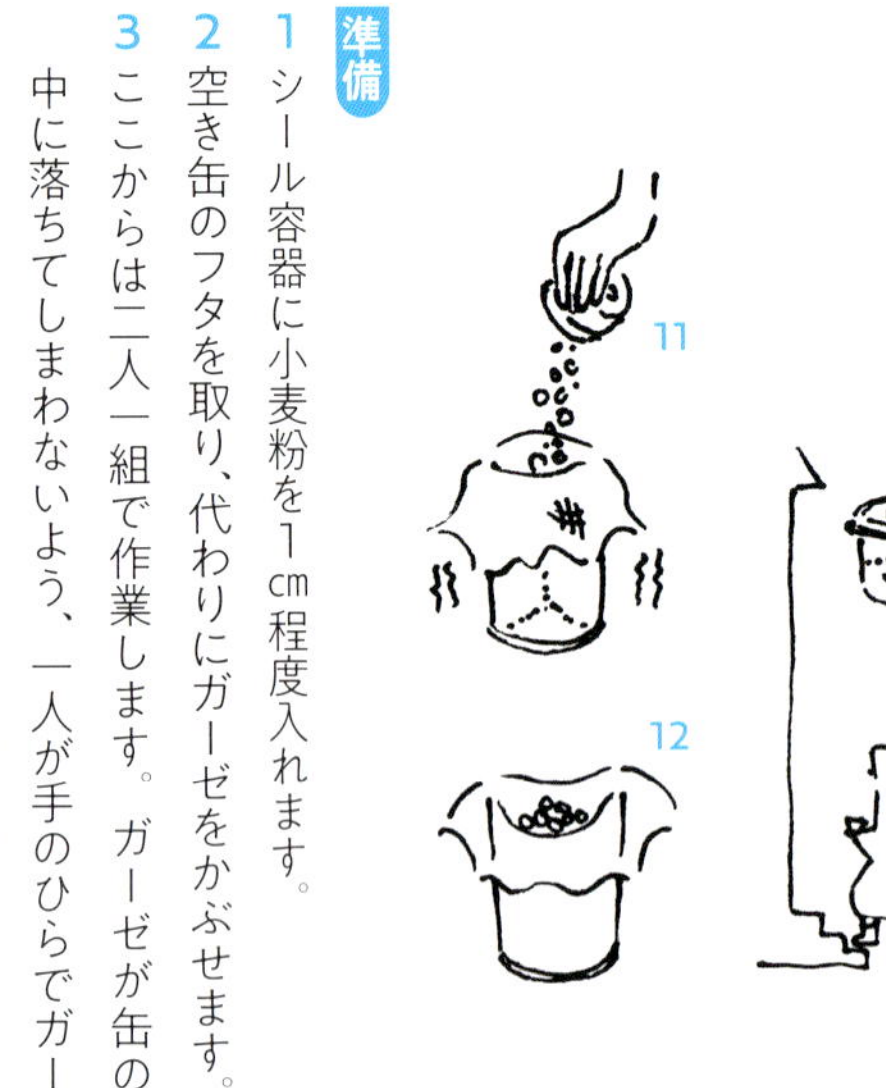

4 ガーゼの凹みに、シール容器から直接小麦粉を移します。

5 ガーゼをおさえながら缶を振って小麦粉を篩う（ふるう）と、空き缶に、キメがそろった小麦粉がたまります。

6 その小麦粉を、再びシール容器へ移し、容器のフタを閉じます。

これで準備は完了です。

しずくをつかまえる

7 シール容器を持って、外に出ます。

8 雨の中でシール容器のフタを開け、雨のしずくを集めます。集める時間は、弱い雨なら20～30秒、激しい雨のときは5～10秒が目安です。

9 時間が過ぎたら、容器のフタを閉め、室内に戻ります。

小麦粉の表面に、しずくが入った穴があいています。その穴を観察しながら、もう一度雨のしずくの大きさを予想してみましょう。

しずくを取りだす

10 準備の時と同様に、空き缶にガーゼをかぶせます。

11 ガーゼの上に、シール容器から、雨のしずく入りの小麦粉を入れて振るいます。

12 ガーゼの上に、雨のしずくと同じ大きさの小麦粉の「玉」が残ります。

いかがでしょうか？ 雨のしずくの大きさは予想より大きかったでしょうか？ 小さかったでしょうか？

2. しずくのかたちにさわる

ちょっと、ここでもうひと工夫。雨のしずくの玉は柔らかいですね。「1.しずくをつかまえる」でつくったこの玉は（以下、「雨粒」）、おたまを使って炎であぶると、簡単にさわれるようになります。

準備するもの

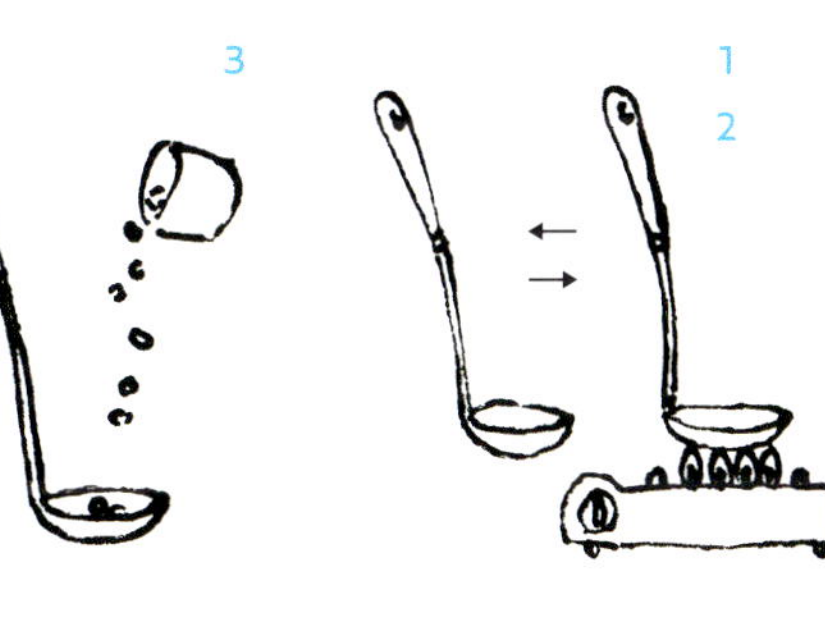

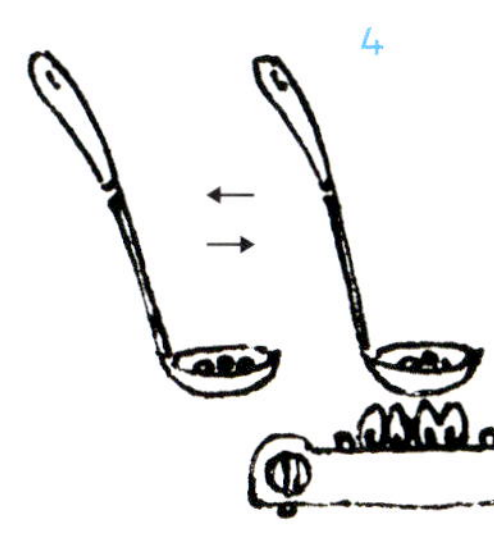

手順

1 おたまを持ち、カセットコンロに火を付けます。

2 コンロの炎に、おたまの底を当て少しゆらしながら、「1・2・3・4・5」と数えたら、炎から離して「1・2・3・4・5」と数えます。再び、おたまの底をコンロの炎に当て「1・2・3・4・5」と数えます。

3 炎からおたまを離して、おたまに「雨粒」を入れます。

4 さっきと同じようにおたまの底に炎を当て「1・2・3・4・5」と数え、炎から離してまた「1・2・3・4・5」と数えます。小麦粉が焦げるにおいがするまで繰り返します。おそらく、2～3回で終わりです。

5 「雨粒」を小さなお皿に入れましょう。〈注意：このとき、おたまはまだまだ熱いので気をつけること。濡らしたふきんやタオルなどの上におたまをのせておくとよいでしょう。〉

定規で「雨粒」の大きさを測ったあとは、さわってみましょう。大きさを実感できます。

この方法で、いろいろな降りかたの雨のしずくを比べてみましょう。

3. ぶつかった雨のしずくの広がり

私たちは普段、どこかに当たった雨のしずくを見ています。車のフロントグラスや手など、当たった瞬間にその表面で雨のしずくは広がってしまいます。その広がった大きさを、雨のしずくの大きさだと感じているのです。

広がった雨のしずくの大きさも、確かめてみましょう。

準備するもの

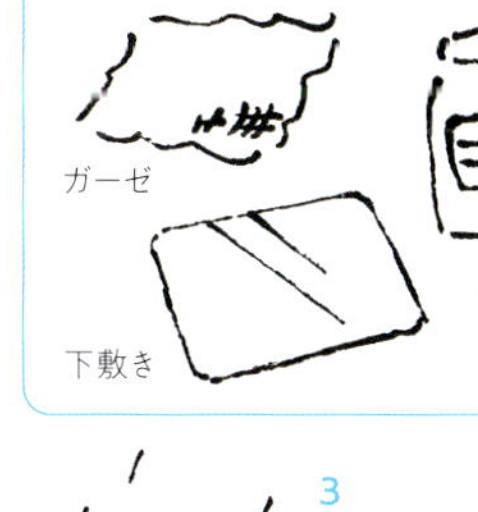

手順

1 下敷きを机の上へ置きます。

2 ガーゼで小麦粉を軽く包み、下敷きの上、20cmくらいの高さで軽く振ると、下敷きの上にうっすらと小麦粉が広がります。

3 雨の中、下敷きを水平に持って立ちます。下敷きの上の小麦粉は雨のしずくで広がります。「雨粒」と比べると 実際の大きさとの違いを知ることができます。

「水の流れをつくる」プロに聞く

トイレとキッチン

答えてくれる人
梅田学 うめだ まなぶ & 宮澤千顕 みやざわ ちあき
（株式会社LIXIL Technology Research本部 先端コア技術研究所）

トイレに流す水は四十六年間で四分の一に

最新の水洗トイレでは、一度にたった四リットルの水だけで流すことができます。災害時では、切り替え機能を使えば一リットルの水で流せる便器も開発されました。一九七三年の製品では十六リットルの水を使って流していましたから、節水技術はめざましく進歩しています。かつての水流は一方向にのみ単純に流れるものでしたが、今は鉢の内側を覆うような面をつくって流れています。流れる水の体積としては減っていますが、流れる表面積が大きくまた流れが速くなり、少量の水でも便器内（鉢内）を洗い流せるように進化させてきました。

流れを予測するための前提条件とは

キッチンのシンクや便器に流れる水の動きを予測するときに、基礎として考えるべきことがあります。

まず、水の勢いがどういう角度で当たるかということ。吐水角度（水の吐き出し口の角度）が九十度に近づいていくほど、当たる面にはじかれて跳ね返ってしまいます。ですから速い流れをつくり出すためには、できる限り流れる面に平行に近い角度で吐水することが大切です。流れる力が分散しないよう、吐水の勢いが削がれないようにするためには、面になるべく沿うような角度で流れを当てて、勢いをそのまま利用します。無駄のない滑らかな角度で水が進むことができれば、その流れを持続させられるのです。

次に吐水の位置です。とはいえ水の出る位置は大きくは変えられないので、その位置から発したエネルギーのロスを最小にするための形状をさぐります。

トイレの水の流れを設計する

私たちが水の流れを予測するときは、勘や経験も大事ですがそれだけにとらわれず、シミュレーションを実施します。水の流れやすさ、鉢の傾斜の角度、水と鉢の面の滑りやすさなどの数値をシミュレーションソフトに入力して流れを予測します。次頁写真の便器では吐水の位置は二カ所あります。吐水口を出た水の流れは、重力方向に対しては加速しますが、進行方向に対しては徐々にスピードが緩くなります。そこで、一方から出た水が回転しながら大外を流れ、水流が弱くなっていくところを別の吐水口から出た水が補完して、全体の流れをつくっていきます。

衛生陶器の特性上、便器に付着した汚物と鉢面の間に水が入りこみやすく、さらに水の勢いも利用することで、きれいに洗い落とすことができるのです。

図は吐水口が2カ所の場合のもの。2カ所の吐水口から出た水が、便器の鉢面全体を洗浄するように、それぞれ補い合いながら流れる。

また、昔は汚物を流すだけでしたが、最近は鉢面の汚れも全体的に落とそうとする流れになっています。今は静かな音で水の力を利用して洗い流すのが主流です。水の跳ね返りが少なくて、流す音も小さいことが求められています。水に空気が混ざると流れる音が大きくなるので、いかに空気を混ぜないようにするかを考え、水自体の音を小さくすることを追求しています。

キッチンシンクの「水ハネ」を防ぐ

キッチンのシンクも、ユーザーのニーズに合わせて水の流れを工夫しています。やはり「水ハネ」は嫌がられますから、水の流れを整えることによって跳ねないようにします。そのためには吐水口に「整流板」を設けます。そうすると中の水の流れを整えることができますから、水がシンクに当たったときにきれいに拡がり、飛沫が発生しにくいのです。

シンクの流れに関していえば、水が流れやすいということはもちろん大切ですが、流れる角度が急すぎると今度は洗うお皿が滑ってしまいます。そこで流れる速度は優先せず、排水口にきちんと水が集まる角度をつけるということが重要になります。また、洗い物をするときにはシャワー機能で水が当たる面積を大きくすることで泡が流れやすく、節水や食器洗いの時間短縮につながります。

トイレでもキッチンでも、日本は海外諸国の基準に比べると環境に配慮した節水をしていて、節水しながらしっかり汚れを落とす技術が開発されています。

水を見に行く

解説＝小塩哲朗
施設解説＝編集部

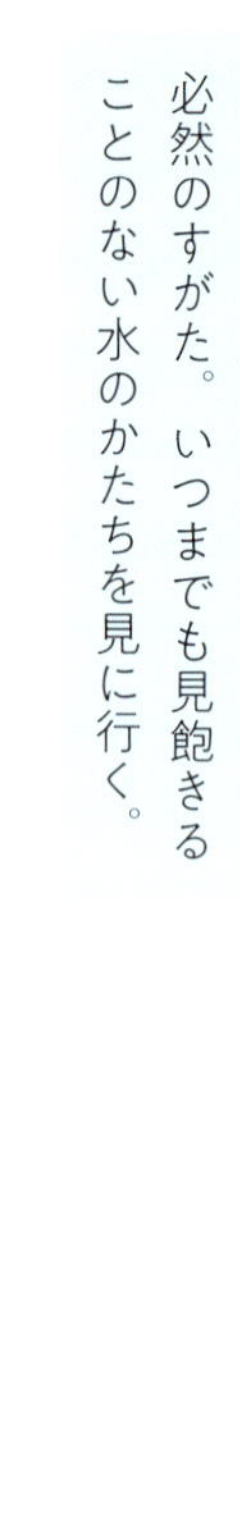
季節の移り変わりとともにある自然のかたち、人の営みがつくり出した必然のすがた。いつまでも見飽きることのない水のかたちを見に行く。

滝・氷瀑

滝や水しぶきは、地球の引力に引かれて落ち、空気中にとどまってはくれません。またその姿は、水が持つ性質と地球の引力との関わりとして現れ、二度と同じ形となることはありません。

水は動いている限り、凍ってしまうことはほとんどないのですが、真冬には凍ってしまう滝もあります。流れ落ちる滝でも、勢いよく水が動くところと、そうでないところがあります。水しぶきがついた場所や、滝つぼの水際です。そうしたところは氷になりやすく、一旦氷ができると、そこにやってきた水が凍りつくことで、徐々に氷が厚くなっていきます。十分寒く、十分な時間があれば、やがて滝全体が凍ってしまいます。

錦見の滝［にしきみのたき］
●秋田県鹿角市
落差10m、幅12mの、岩肌のはっきりとした割れ目が特徴的な滝。岩の細かな重なりにぶつかる度に、水が表情を変える。

善五郎の滝［ぜんごろうのたき］

● 長野県松本市 安曇

その昔、釣りの名手であった善五郎が大きな岩魚に引き込まれて見つけた滝とされる。標高1525mに位置する、落差21.5mの滝。普段は8mの幅いっぱいに平均して落ちる水の端正な姿が特徴とされるが、厳冬期には一変、ボリューム感のある巨大な氷瀑となる。アイスクライミングなどを楽しみに訪れる人も多い。© T.Hasebe - stock.adobe.com

羽衣の滝	北海道上川郡東川町	滝の地質の相異による浸蝕度の変化から、 絶壁を7段に屈折しながら落下する複雑な流れを持つ落差270mの滝。
銚子大滝	青森県十和田市大字奥瀬	奥入瀬渓流にかかる滝。幅15m、高さ7mと横に広いため、緞帳のように岩肌を覆い隠す氷瀑となる。
三階の滝	宮城県刈田郡蔵王町	落差181mを三段に落ちる壮大な段瀑は東北屈指。
乙字ケ滝	福島県須賀川市	阿武隈川にかかる幅100mの滝。水が乙字の形をして流れ落ちる。
袋田の滝	茨城県久慈郡大子町	長さ120m、幅73mの巨大な岩肌を舐めるように流れる滝。 氷瀑に覆い尽くされた岩肌では、アイスクライミングも可能。
霧降ノ滝	栃木県日光市所野	利根川水系の板穴川の支流・霧降川にある滝。滝名の由来は、 落下する間に水が飛び散り霧のようになることとされる。
吹割の滝	群馬県沼田市利根町	片品渓谷（吹割渓谷）にかかる。河床を割くように流れ、 そこから水しぶきが吹き上げる様子からこの名がつけられた。
払沢の滝	東京都西多摩郡檜原村	北秋川の支流のセト沢にある4段の滝。滝が僧侶の払子を垂らした様子に似ていることから、 払子の滝とも呼ばれていた。冬季は氷瀑となるが、全面凍結する年は珍しい。
苗名滝	新潟県妙高市杉野沢	轟音を響かせながら落ちるさまが「地震=なる」のようであるとされ、それが口語体に転化した。
大禅の滝	長野県南佐久郡北相木村	厳冬には高さ30mの氷瀑になる。マツカサ状の大氷柱となるその形状は、ほかに類を見ない。
阿寺の七滝	愛知県新城市下吉田	阿寺川にある滝。礫岩の断層にかかり7段の滝となっている。 上から2番目・5番目の滝つぼには深さ7m程度の甌穴がある。
布引の滝	三重県熊野市紀和町	水の流れが大幅の布地を垂らしたように、 音もなくしぶきも立てずに静かに流れ落ちるさまから布引の名がついた。
雪輪の滝	愛媛県宇和島市野川	花崗岩でできた一枚岩の緩斜面を約300mにわたり流れる滑滝。 流れ落ちる水紋が雪の輪のように見える。
マリユドゥの滝	沖縄県八重山郡竹富町	円形の滝つぼを持つことから、マリ（丸い）ユドゥ（淀）の滝と呼ばれる。

梁［やな］
●栃木県茂木町 那珂川
川の流れの中、木や竹でできたすのこ状の大きな台が、上流側を水中に、下流側を水上に浮かせ傾いた状態で設置されている。上流から泳いできた魚は勝手にすのこの上に打ち上げられるため、人はこの構造物の上で待っているだけでよい。水はすのこの隙間を抜け、何事もなかったかのように流れていく。© Tozawa - stock.adobe.com

さらし

清流で行われる染め物のさらしは、染め上がった生地に付いているのりや余分な染料を川の水を使って洗い流す作業です。普段の川底の石は、それほど派手な色をしておらず、川底を意識することがあまりありませんが、染め物を川に沈めたときにはその色が映え、その上の水の流れがより透明感を持ってはっきりとわかるようになり、より美しく感じられるのではないでしょうか。

（右）土佐和紙の川ざらし［とさわしのかわざらし］
●高知県いの町 仁淀川
清流仁淀川に沿って開けた土佐和紙発祥の地で、今も行われている和紙づくりの一工程。原料である楮（コウゾ）の、樹皮の白い部分だけを残したシロソと呼ばれる状態を、冷たい清流にさらし、汚れやあくを落とす。水温が高いと繊維が傷むため、寒い時期に行われる。
© 芳賀日出男／芳賀ライブラリー

（左）郡上本染鯉のぼり寒ざらし［ぐじょうほんぞめこいのぼりかんざらし］
●岐阜県郡上市 小駄良川
岐阜県の重要無形文化財である「郡上本染」で描かれた鯉のぼりを小駄良川にさらすことで、布についた糊を落とす。冷たい清流で洗うと布が引き締まり、鮮やかな色になるため、作業は冬に行われる。地域の冬の風物詩。© 下郷和郎／芳賀ライブラリー

美濃和紙 楮の寒ざらし	岐阜県 美濃市蕨生	板取川の浅瀬を利用して、楮の皮のアクや不純物を取り除き、自然漂白する作業で、美濃和紙づくりには欠かせない。昭和40年代ごろまでは川の各所で見られたが、近年は工房の水槽で行われており、川での実演は「伝統的な製紙技術の伝承と保存」のために実施している。
杉原和紙 楮の川さらし	兵庫県 多可郡多可町	杉原紙研究所前を流れる杉原川で、紙の原料となる楮を川面に打ちつける。研究所職員による作業はすべて手作業。冷たい水に清められ、楮は杉原紙特有の白さを増していく。
鯉のぼり のんぼり洗い	愛知県 岩倉市中本町	五条川で行われる鯉のぼりの糊落としは、「のんぼり洗い」と呼ばれ、毎年大寒の頃からはじまる。さくら祭りでは、川に散り敷く花筏の中を鯉のぼりが揺れる。春の訪れを告げる風物詩として有名。

波のトンネル

波は、主に風が起こしています。台風の強い風は大きな波を起こし、遠く離れていてもその波（うねり）が、はるばる日本までやってくることもあります。波は、海の深いところから浅いところへくると、その高さが高くなるのですが、そのときに陸側からの適度な風が吹きつけると、波の勢いと風とのバランスで、崩れた波がトンネルのようになることがあります。これは海底の地形によって出やすい場所がありますので、探してみてください。

© ChrisVanLennep Photo
- stock.adobe.com

ドライミスト

アイロンがけで使う霧吹きも空気中に水滴を噴き出しますが、ドライミストの大きさは霧吹きの水滴のおよそ十分の一以下です。空気中の水滴が落ちる速度を計算すると、直径が十分の一ならば落ちる速度は百分の一となります。霧吹きの水滴が毎秒十センチで落ちるとすると、ドライミストは毎秒一ミリというわけです。

ゆっくり落ちるドライミストは、何かに付いたりする前に蒸発してしまうので、顔や服が濡れません。そして蒸発するときには、空気から熱をうばっていきますから、まわりを濡らさずに涼しさをつくり出せるのです。

© naka
- stock.adobe.com

月山湖大噴水［がっさんこだいふんすい］
- 山形県西村山郡西川町
- 平成3年（1991）

寒河江ダムに設けられた、直上主ノズルと8本の揺動拡散ノズルからなる噴水。主ノズルからの噴射高は112mで日本一。

噴水

噴き出す水は、地球の引力に引かれながら上に上がっていきます。やがて速度はゼロになり落下に転じます。地面に対して完全に垂直に上がっていけば、そのまままっすぐ落ちてきますが、噴水から噴き出す水は地面に対して斜めになっています。この軌跡は、「放」った「物」が描く「線」ということで放物線と呼ばれており、かのガリレオ・ガリレイが明らかにしたとのことです。

p.20
兼六園 日本最古の噴水
［けんろくえん にほんさいこのふんすい］
- 石川県金沢市　兼六園
- 文久元年（1861）

藩政末期、金沢城内の二ノ丸に水を引くために試作されたと伝わる、日本最古といわれる噴水。水源である霞ヶ池の水面は噴水より高い位置にあり、その高低差を利用した自然の水圧によって噴き上がる。噴水の高さは通常約3.5mだが、霞ヶ池の水位によって変化する。© Fumie - stock.adobe.com

虹の舞・白川［にじのまい しらかわ］
- 愛知県名古屋市 • 平成3年（1991）改修

名古屋市科学館や名古屋市美術館が並ぶ、白川公園内にある噴水。© 村山直章

偕楽園 玉龍泉	茨城県水戸市見川	第九代水戸藩主・徳川斉昭が土地の高低差を利用してつくらせた噴水。 水源から地下に鉄管を通し池の中央まで水を引いている。噴水高は2m程度。
日比谷公園 鶴の噴水	東京都千代田区	公園内の和風庭園にある雲形池に明治38年（1905）に設置された、日本で3番目に古い装飾噴水。
南禅寺船溜（ふなだまり）の噴水	京都府京都市左京区	インクライン下端の船溜の中央にある噴水。 琵琶湖疏水の高低差による水圧だけで噴き上がる。
円山公園の噴水	京都府京都市東山区	疏水の水を利用した噴水。明治26年（1893）、回遊式日本庭園の中の瓢箪池に取り付けられた。
鎮西大社諏訪神社長崎公園の噴水	長崎県長崎市上西山町	装飾噴水としては日本最古といわれる。 現在あるものは、『長崎諏方御社之図』（明治11年［1878］）出版）をもとに忠実に再現。

白水溜池堰堤［はくすいためいけえんてい］

● 大分県竹田市次倉 ● 昭和13年（1938）

竹田市と豊後大野市緒方地区を流れる富士緒井路の水量不足を解消するために設けられた、重力式コンクリート造及び石造の堰堤。流れる水が白い衣のように落ちるさまが美しい。阿蘇山周辺は火山性地質で地盤が脆弱なため、落水時の衝撃を回避する必要がある。左右の岸端部に設けられた曲面流路、階段状の流路はそのための工夫であり、左右からの水流が中央部の水流を弱める。© photocreate - stock.adobe.com

用水・ダム

ダムや疏水路で観光のために放水をすることがあります。こうした放水は、圧力がかかっていることもあって勢いよく噴き出しており、また空気が混ざるため透明な水のはずが、白い噴水のようになっています。噴水と同じように、その姿は水にかかっている圧力と地球の引力とが織りなすバランスによるものです。

ときには霧吹きと同じように、水滴がたくさん出てきます。太陽を背にして放水を見ると、水滴によって虹が見えることがあります。太陽と地球と水とのコラボレーションといえるでしょう。

通潤橋［つうじゅんきょう］

● 熊本県上益城郡山都町

● 安政元年（1854）

白糸台地の水不足解消のために五老ヶ滝川に築かれた、全長79m、石垣総面積1802㎡の日本最大の石造アーチ式水路橋。導水管の継ぎ目を特殊な漆喰で繋ぎ密封することで漏水をふせぎ、逆サイフォン（伏せ越し）の原理で、より標高の高い白糸台地に水を導水する。水管に沈殿する砂を放出するために行われている放水は、今やその豪快さを楽しみに訪れる人もある一大イベントである。

© japal - stock.adobe.com

音無井路円形分水［おとなしいろえんけいぶんすい］

● 大分県竹田市九重野 ● 昭和9年（1934）

竹田市の祖母山・傾山麓にある入田地区、宮砥地区、姥岳地区の3地区へ、適正に水が分配されるようにと施工された。3地域は昭和初期まで、各水路に導入される水の分配で互いに反目し合い、連日のように争いを繰り返していた。円形分水はそれを解消した知恵の結晶である。サイフォンの原理を応用した分水からは毎秒0.7㎥の水が流れ、今でも各地域の畑を潤している。

牛伏川フランス式階段工［うしぶせがわふらんすしきかいだんこう］

● 長野県松本市内田 ● 大正5年（1916）

江戸時代から相次いだ信濃川の災害を引き起こしていた土砂の要因が、長野県の水源地帯、なかでも犬伏川にあるとされ、明治18年（1885）以降、国による砂防工事が徹底して行われた。工事が県に引き継がれてからも17種にもおよぶさまざまな工種で施工されたなか、フランスのサニエル渓谷の階段工を基につくられたのがこの施設である。水路の長さは約141m、階段状になったその落差は50mある。下流から上流に向かって勾配が急になるように設計されており、水路は下流から見て右へやや湾曲している。大きな段差と、緩やかな段差が交互に設けられ、それらをかたちづくる空石積みは、コンクリートを使わない日本の伝統的な石積技術によってできている。

(上) 通潤用水小笹円形分水［つうじゅんようすいおざさえんけいぶんすい］

● 熊本県上益城郡山都町 ● 昭和31年（1956）

笹原川の水を野尻・小笹地区と、通潤地区（通潤橋方面）とに分配するためにつくられた。約500m上流の取り入れ口から流れてきた水を、中心の円筒の底から取り入れる。水はせり上がり、周囲にあふれる。この分水を経ることで流す水の量をコントロールでき、ここでは農地面積の比率から7:3の割合で分水される。干ばつのたびに起こっていた争いがこの円形分水によって解決されたという。

(下) 豊稔池堰堤［ほうねんいけえんてい］

● 香川県観音寺市 ● 昭和5年（1930）

柞田川(くにたがわ)上流にある、堤長145.5m、堤高30.4mのコンクリート造りの溜池堰堤。両端部が重力式、中央部が5個のアーチと6個の扶壁（バットレス）からなるマルチプルアーチ式。その構造は農業土木史上価値が高く、また建設時の技術的達成度を示すものである。竣工から90年近く経過した現在も、約500haの農地の水がめとして活躍し、夏に不定期で行われるユルヌキ（放流）の風景は風物詩となっている。登録有形文化財（土木構造物）。

南禅寺水路閣（琵琶湖疏水）
［なんぜんじすいろかく びわこそすい］
● 京都府京都市左京区 ● 明治23年（1890）
大津市観音寺から京都市伏見区堀詰町までの全長約20kmの「第1疏水」、全線トンネルで第1疏水の北側を並行する全長約7.4kmの「第2疏水」、京都市左京区の蹴上付近から分岐し北白川に至る全長約3.3kmの「疏水分線」などから構成される、今も現役で活躍している水路。南禅寺境内にはローマの水道橋を模した全長約93mの赤レンガ造りの水路閣があり、その上を疎水の分流が流れている。© vito - stock.adobe.com

水舟［みずぶね］
● 岐阜県郡上市八幡町
地域特有の水利用のシステム。階段状に水槽を3つ程度連ね、高いほうへ湧水や山水を引き込む。そこに溜まった水は飲用や食べ物を洗うための水として使用し、一段低くなった次の水槽では汚れた食器などを洗う。一番低い水槽では鯉などの魚を飼い、上の段から流れ落ちる食べ物の残りなどがそのエサとなることで、水は自然に浄化され、川に流れ込む。

水道橋	葉山めがね橋	岩手県気仙郡住田町	農業用水を引くため、昭和6年（1931）につくられた気仙川上流のアーチ橋。橋の下には崖を登ろうとして弁慶が踏ん張ったとき、岩に刻まれた「弁慶の足跡」がある。
	黒川発電所 膳棚水路橋	栃木県那須郡那須町	大正10年（1921）に発電所の導水路橋として建造された。3本の柱にX字型の筋交いが配置されている橋脚が特徴的な、RC造のラーメン橋。
	平木橋	兵庫県加古川市野口町	山田川疏水事業の一環で、江戸時代に開削された高掘溝をまたぎ、旧平木池に送水する水路として、大正4年（1915年）に建造。アーチ部には御影石、その他の部分には赤煉瓦が用いられている。
	御坂サイフォン橋	兵庫県三木市志染町	谷を越えて疏水の水を渡す水路橋として明治24年（1891）に築かれた。谷へ下りてまた上がるという標高差を克服するために、長大な噴水工（逆サイフォン）を利用。
	明正井路 一号幹線一号橋	大分県竹田市大字門田	日本国内で最大規模の水路用石造アーチ橋。全長78m、橋幅2.8m、拱矢（きょうし）（基礎の下からアーチ下部までの距離）3.3mであり，6連のアーチ上に4段の石壁を積んだ重厚な構造となっている。
堰堤（えんてい）	長篠堰堤余水吐	愛知県新城市横川	日本初の立軸式水車発電所である長篠発電所の取水堰堤。堰堤で堰き止められた水は、導水路によって900m下流にある長篠発電所に送られる。堰堤からすぐ下流の導水路は川に沿って走り、川側に水が滝のように溢流。その幅は100mある。
	オランダ堰堤	滋賀県大津市 上田上桐生町	草津川上流域の切石布積アーチ式堰堤。直高7m、天端幅5.8m、堤長は34m。平面的には緩やかなアーチ、正面から見ると切石が階段状に積まれている。築造以来130年余の年月に耐え、砂を貯める機能を現役で果たしている。
分水	関田円形分水工	秋田県仙北郡美郷町	丸子川が形成した六郷扇状地の扇頂部にある円形分水。昭和の初め、水源供給能力強化のため、仏沢ダムを建設するとともにこの円形分水工が設置され、旧六郷町を中心に7町村へ農業用水を安定供給している。

水車

水の流れのエネルギーは直線です。水車はこのエネルギーを回転運動に変えるものです。水車小屋の中では、さらに地球の重力も利用して上下運動を起こし、穀物を搗くなどしています。水車は円くつくられ、円運動をしています。水が途切れさえしなければ、水車は回り続け、同じ位置で同じ動作を繰り返します。

また水車は、回転と同時に水を汲み上げることもできます。回転によって水平方向の運動が起きるため、落ちていく水は噴水同様、放物線を描きます。

p.26, 27

菱野三連水車（朝倉の揚水車群）

「ひしのさんれんすいしゃ　あさくらのようすいしゃぐん」

- 福岡県朝倉市菱野
- 寛政元年（1789）二連から三連に増設

重連水車そのものは1760年代にはあったとされている。同市内、三島の「二連水車」、久重の「二連水車」とともに、日本最古の実働する水車として現役で農地を潤す。毎年6月17日に水神社で行われる「山田堰通水式」では、神事ののちに境内地下にある水門を開門。15分ほどかけて約2km離れた水車群に水が到達し、水車が稼働する。1個の枡で7L強の水を汲み、三連水車1回転で1000Lの水を汲み上げる。地元の職人によって水車は5年ごとにつくり替えられ、その技術も継承されている。© 北山雄司 - stock.adobe.com

小鹿田焼の里 唐臼
［おんたやきのさと からうす］
● 大分県日田市
● 平成26年（2014）撮影
鹿おどしの原理で動く唐臼。
やきものの原土を砕く。

文字二連水車［もんじにれんすいしゃ］

- 宮城県栗原市栗駒文字
- 平成4年（1992）

室町時代から秋田越えの宿場町として栄えた文字地域には、戦前まで実用の水車があり、製粉、精米、製材などの動力源として利用されていた。現在設置されているのは、地域からの強い要望に応え、水辺環境整備計画の一環として新たに設けられたもの。

インディアン水車	北海道千歳市花園	ふ化事業に用いるサケの親魚を捕獲するため秋にだけ設置される水車で、シーズンあたりおよそ20万尾のサケを捕獲。水受け部分が金網製のカゴになっていて、1分間に4～5回転し、サケをすくい上げる。
遠野ふるさと村　水車小屋	岩手県遠野市附馬牛町	藁を打ったり、粉を挽いたりするための水車小屋。今でも実用されている。
府中市郷土の森博物館 水車小屋	東京都府中市南町	水輪の下の水底を掘り込んで、少しでも落差を設けて水車を回す形態で、平地に多く見られた下掛け式、もしくは胸掛け式と呼ばれるもの。精米、製粉や藁打ちなどに活用されている。
日本民家園 水車小屋《信越の村》	神奈川県川崎市多摩区	水をみちびく樋が必要な、流水が水車の上にかかる上掛け式の水車。 車輪の直径は約3.6mで、米つき、粉挽き、藁打ちなどに利用していた。
大王わさび農場 水車小屋	長野県安曇野市穂高	湧き水である蓼川の流れに、3基の水車が並んでいる。
下呂温泉合掌村 水車小屋	岐阜県下呂市森	水車は発電用として稼働。電気はバッテリーに蓄電され、 飲食店や展示施設の照明用電源として使われている。
馬籠宿　水車	岐阜県中津川市馬籠	小屋内に既存の水車を利用した小水力発電設備を設置し、 電気は水車小屋のライトアップや室内灯などに使用している。
道の駅くんま水車の里 水車小屋	静岡県浜松市天竜区	原動力となる水は、小屋から約700m離れた沢から引き、 約50mの高低差から生まれる水流を用いている。
宮さんの川水車	静岡県三島市泉町	かつて水力を利用した製糸、製材、精米業が盛んだった三島の風景を再現するため、 蓮沼川（宮さんの川）に設置された水車。杉材を使い、直径1.5m。
倉敷市 祐安の水車	岡山県倉敷市祐安地区	配水池からの用水を水田に汲み上げるための灌漑水車。 筒状の容器が水を汲み上げて、水面よりも高い水田に水を送る仕掛け。
馬場水車場の線香水車	福岡県八女市上陽町	線香づくりの過程で杉の葉を搗くために稼働している水車。 4枚羽根の「長臼式搗臼機」が回る。
逆瀬ゴットン館の水車	福岡県八女郡広川町	水車動力を使った搗臼4基、挽臼1基が稼働し、 5時間かけて米を搗く。直径が7mある水車。
町切水車	佐賀県唐津市相知町	6月の田植えシーズンを前に町切地区の用水路に取りつけられ、9月中旬まで水田へ水を汲み上げる稲作用水車。直径3m前後の木製水車3基が稼働している。
大村彦水車 （通称：彦しゃん水車）	熊本県菊池郡大津町	工場で使われている竪式木製の水車。明治9年（1876）に大村彦次郎がつくったことから「彦しゃん水車」と呼ばれている。現在も精米や押し麦、小麦粉や米粉づくりなどの動力をすべて賄っている。
河宇田湧水 そばの水車	大分県竹田市入田	河宇田の湧水（竹田湧水群）脇の精米水車。

葛飾北斎《冨嶽三十六景　隠田の水車》
江戸時代　天保初期（1830～34）頃　横大判
島根県立美術館（新庄コレクション）

水の豊かな表現に挑んだ日本絵画の巨匠

光琳と北斎

内藤正人 ないとう まさと

水を独自の視点で捉え、表現した尾形光琳と葛飾北斎。風景を留め置く技術がなかった時代に、彼らはどのようにして、流れる水の形を捉えたのだろうか。

絵画とデザインのはざま　光琳

水を用いた表現が顕著に美術にあらわれるのは、日本ではまず工芸の分野でしょう。たとえば平安時代には、工芸品の雅な意匠として、川の流れに木製の車輪を浸した図案、片輪車などが蒔絵に登場しています。ただし、水流などをとりあげるデザインはあっても、絵画の作例というのは中世までは例がないようです。

近世に入り、江戸時代中期に登場した都の絵師尾形光琳は、斬新な水辺の表現を試みています。京都の呉服屋で育った光琳は、最新の服飾デザインに囲まれて育ち、自らもさまざまな意匠を凝らしました。一般的に、工芸における水の文様には、青海波や、観世水などがあり、調度品や着物の文様にあしらわれていました。しかしそれらは、水の流れや波のダイナミズムを絵画化したわけではありません。

光琳が学んだ先人として、彼の百年近く前に江戸時代初期の絵師として活躍した、俵屋宗達がいます。宗達もまた、もとは料紙（文字を描く装飾用紙）のデザイナーのような仕事をしていた人でしたから、光琳とは共通するものがあったのでしょう。宗達本人の作には

尾形光琳《波濤図屏風》
江戸時代（18世紀前期）　二曲一双　146.5×165.4cm
メトロポリタン美術館

波のみを描く絵は残っていませんが、龍の足元に波がうずまく《雲龍図屏風》（米国フリーア美術館）などが知られ、光琳はそうした作品を研究したと考えられます。宗達の作品に惹かれた光琳は、《雲龍図》の波の部分に注目し、波濤（はとう）だけを散りばめた絵画、《波濤図屏風》（米国メトロポリタン美術館）を描いたのかもしれません。

光琳が水を表現した代表的な作品としては、波濤図のほかにも、左右に相対する紅白の梅の間に文様化した水が優雅に流れる《紅白梅図屏風》（MOA美術館）がことに有名です。抽象的な水の流れと写実的な波の表現、それらは一見正反対の表現方法でありながらも、光琳の絵師としての豊かな創造力とデザイン感覚の鋭さを窺わせます。

海外の人が日本美術の表現を面白いと思う理由の一つとして、デザインと絵の境界が曖昧であることが挙げられるでしょう。まさに宗達や光琳がそうでした。デザインでありながら、絵でもある、そういう表現があまた存在します。

明治時代以降、日本は西洋から美術の理論を学びはじめました。西洋では、二次元の表現としては絵画が文様よりも上位に位置づけられますが、他方で日本にはそういう認識はなく、絵も文様も境界がなく連続していたわけです。文様でもあり、絵でもある。日本ではそれらを截然と区別できないからこそ、面白い表現が出てきたのでしょう。

光琳作品にみられる装飾的な文様は、光琳没後も「光琳文様」と呼ばれ、着物のデザインなどに多く用いられてきました。江戸時代には琳派の絵本や雛形本がたくさん出版されており、おそらく北斎などもそれらを目にしたと考えられます。

科学の目を持つ絵師　北斎

江戸時代後期に活躍した葛飾北斎は、およそ四十歳頃から晩年にいたるほぼ半世紀にわたって、水の表現に強い興味を抱き、海、川、滝、さらには水車など、多種多様な「水のある風景」を描き出しました。海辺の風景を題材にした《冨嶽三十六景　神奈川沖浪裏》（以下、神奈川沖浪裏）は有名ですが、同じ頃《千絵の海》という版画集も手がけています。題名は当時の百科事典『智慧の海』をもじったもので、すべて水をテーマに海岸や河川などを描いた特異な作品集でした。

最晩年の八十歳代には何度か長野県の小布施に赴き、渦巻く波頭が幻想的な《波濤図》を上町（かんまち）祭屋台天井絵として描いています。波頭から散る無数の白いしぶきが藍色の波に散るさまは、まるで星空のようです。

北斎よりも三十七歳若い歌川広重は、北斎がつくり出した風景画の流れに背を押されて風景画を描きましたが、北斎のように滝や海をテーマとする版画シリーズには積極的ではありませんでした。

北斎の生涯には逸話や伝聞が多いのですが、どうやら北斎が海岸でひねもす波の打ち寄せ引く姿を観察していた、というエピソードは事実に近いようです。そうした観察力が遺憾なく発揮されたであろう《神奈川沖浪裏》では、遠くの富士を背景に大きく迫る波頭が息をのむほどに迫真的です。最近の研究で、北斎が描いた波頭の描写は四千～五千分の一の秒速で高速撮影した画像と似ていることが指摘されています。驚くべきことに、北斎の目はサイエンス（科学）の世界に近いわけです。

西洋におけるサイエンスとは、神が創った世界の仕組みを人間が理解しようとするためのものです。一方のアート（ヒューマニティーズ）とは、美術や音楽、文学など人間の営みの意であり、両者は根本的に違うわけです。しかし北斎は、江戸時代にサイエンスの目を

尾形光琳《紅白梅図屏風》
江戸時代（18世紀前期）　紙本金地著色　二曲一双　各156.0×172.2㎝
MOA美術館

葛飾北斎《冨嶽三十六景　神奈川沖浪裏》
江戸時代　天保初期（1830～34）頃　横大判
島根県立美術館（永田コレクション）

葛飾北斎《千絵の海　待チ網　全図》
江戸時代　天保4年（1833）頃　横中判
東京国立博物館
Image: TNM Image Archives

もちながらアートを制作していた、ということになる。伝統的な波の描きかたを取り込みつつも、自分の目で観察したり西洋の絵を参考にしたりすることで、新たな表現を模索していきます。イタリアのレオナルド・ダ・ヴィンチが画家であり、かつ科学者でもあったように、北斎もまた、アートにサイエンスの目を取り入れた稀有な存在です。

水は、西洋の四大元素である地水火風のうちの一つであり、中国の陰陽五行説では基本思想の木火土金水（もっかどごんすい）の中に配されるなど、洋の東西を問わず極めて重要視されてきました。思想の上でも万物の源の一つとして世界中の文明で捉えられてきたわけですが、その重要な水がいかに多く描かれたかというと、海や河川を描く中国の山水画、あるいは海岸風景を描く西洋画などを除いては、実はさほど多くはありません。

日本におけるひとりの絵師の登場が、水を描く絵画の可能性を一気に展開させたといえるのです。

市井の人々を驚かす、新しい風景を

浮世絵師として名を馳せた葛飾北斎は、西洋美術の表現も吸収していました。木版画である《おしをくりはとうつうせんのづ》などにも、銅版画を模倣した表現が用いられています。当時四十代だった北斎が、光琳も描いた波と洋風表現の融合を試みたのは興味深いことです。その試みは、西欧銅版画の陰影表現を木版で再現したり、額縁を模した枠を画面に施すなどから

葛飾北斎《冨嶽三十六景　甲州石班澤》
江戸時代　天保2年（1831）頃　横大判
すみだ北斎美術館

もわかりますが、おそらく西洋文化をよく知らない江戸庶民には異質に過ぎるものとして受け入れられず、ヒットしませんでした。

　ところがそのおよそ三十年後、過度な陰影を廃したむしろ古典的な描写でダイナミックに波を描いた《神奈川沖浪裏》が誕生します。これは当時の江戸の人々には大好評で、版画は飛ぶように売れました。船や波の色彩が平面的な、浮世絵版画らしい描き方に回帰したことで、かえって砕け散る波頭の表情には迫力が増し、わかりやすく、そして親しみやすくなったのでしょう。事実、後年ジャポニズムが盛り上がりを見せる十九世紀後半の西洋では、こうした表現がエキゾチックな興味と相まって称賛されたのです。

　《神奈川沖浪裏》が描かれたのは一八三〇年頃——江戸時代の末期であり、それは浮世絵の末期でもありました。浮世絵とは美人画にはじまり、そこから役者絵が派生して、のちには武者絵なども誕生するなど、人物を描く絵画や版画として推移してきました。しかし北斎は、それまでとは全く別のテーマである風景を描きます。多少の挫折はありながらも、風景や諸景物を売り物とする新しい浮世絵を描き、商品としての大きな成功をおさめたのが北斎でした。

プルシアン・ブルー、青い絵の具

　そもそも、浮世絵版画というものはただ鑑賞するためではなく、実際に手に取り、購入されることで初めて商品として成立します。つまり特定のパトロンのために描く絵画ではなく、不特定多数のために安価に制作して、多くの人々の購買欲をそそる必要があったのです。北斎が描き出す波の風景は、だれもが欲しくなるような強い魅力を秘めていました。激動の時代の予兆をはらんだ江戸末期という、近世の終焉時代の、それは一つの流れでもあったのでしょう。

　なお当時は、「ベロ藍」と呼ばれた西洋由来の安価な染料、プルシアン・ブルーが輸入され、低価格で入手できるようになったばかりの時代でした。この新鮮な藍色は、人物画よりもむしろ空や海、水辺の風景にこそ活きるものでした。新しいものが好きで、水の表情に魅せられていた北斎はこの機を逃がさず、集中して水の景色を描き出したのでしょう。

　そしてその典型的な例として、「冨嶽三十六景」のシリーズを挙げることが可能です。先述の《神奈川沖浪裏》では、獲れた魚を江戸に送ろうと急ぐ快速船が、画面いっぱいに立ち上がる大波にのみ込まれそうになっています。また《隠田の水車》では、働く女性の姿とともに、粉挽用の水車が回り、落ち砕け流れる水が躍動的に描かれたかと思えば、強い川風が吹く激流に向かって魚網を曳（ひ）く漁師を描いた《甲州石班澤》では、富士山の周りの水景と生業に従事する人が登場します。激しい風波と霊峰を組み合わせた自然を描くだけでなく、そこに市井や在郷の人々の暮らしを描き込むことによって、見る人にとっては感情移入しやすい、思い入れを誘う風景になる。そこが単なる意匠デザインとも大きく異なるところです。

　人びとの好奇心に応え、プルシアン・ブルーで水の景色を描き出した北斎は、水の百面相のような表現を熱心に探究しました。中断してしまった《千絵の海》では、当然千種類もの水のバリエーションを描こうと模索したとも考えられます。

　長生きをすることで絵のさらなる上達を願い、晩年まで休むことなく筆を持ち続けた北斎。師匠から学んだことだけをただ繰り返すのではなく、常に新しい図様や技法を取り入れ、さまざまな要素の融合を試みた、挑戦する絵師。北斎の絵が今でも面白く、歴史に残る名作といわれる理由がそこにあります。

清め、しぶきで盛り上げ、生き返らせる水

新谷尚紀 しんたに たかのり

神社の境内に入るとき、手と口をすすぐ。お盆の墓参りでは、墓石に水を掛ける。きれいな清水に百円玉が入っていれば、自然ともう一つ投げ入れたくなる……とくに考えることもないこうした仕草にも、水の象徴的な力が宿っている。手水は、神聖な場所に入るために、汚れを落とす清めの水。墓石に掛ける水は、亡くなった先祖の魂を鎮める水。銭を洗う水は、俗世のケガレを清めてくれるかのようだ。

もちろん、生物にとって水は渇きをいやしてくれる命の水。とりわけ人生の初めと終わりにいただく水には、昔から重要な意味が与えられてきた。生まれて間もない赤ん坊がつかう産水（湯）は、かつてその水をどの井戸や川から汲むべきか、地域毎に決められていたともいう。逆に、臨終の間際にある人には末期の水（死に水）として唇を濡らし、命の甦りを祈りつつ他界に送り出した。また、新しい年を迎える元旦の朝に、年男が清水や井戸で汲んだ水を若水と呼び、若返りの水として尊び、その水で煮炊きして雑煮を用意したり茶を点てたりした。

滝つぼや清水などで身を清める禊は、祭りという神聖な場に入るために行う。しかし人間だけでなく、秩父市（埼玉県）の秩父川瀬祭（一頁）や鶴岡市（山形県）の鼠ケ関神輿流しは、わざわざ神輿を川に入れさらに水を掛けて洗う祭事だ。悪魔祓いや、五穀豊穣・豊漁の祈願とされてきた。

なぜ神聖であるはずの神輿を水で浄化するのだろうか。

ケガレからカミへ

神輿が海の上を渡るのは、神輿を洗うことを意味しています。神輿というのは、神様など聖なるものが乗っていて、それが海の上を渡御される。乗っているのは

浜降祭［はまおりさい］

● 神奈川県茅ヶ崎市 西浜海岸 ● 海の日

茅ヶ崎市寒川町にある約30の神社の氏子たちが、神社の神輿を担ぎながら一斉に暁の海に入り、再び神輿を担ぎながら各神社まで戻る。天保9年（1838）、祭の帰路に行方不明になったご神体が漁の最中に発見され届けられたことが、その後お礼参りとしての「禊ぎ」を行う契機になったなど、はじまりには諸説ある。© 芳賀日出男／芳賀ライブラリー

雛流し［ひなながし］

● 和歌山県和歌山市加太 淡嶋神社 ● 3月3日

婦人病の回復や安産、子授けの神として知られる神社で、雛人形や形代を舟で海に流す神事。全国から奉納された人形や形代は当日の朝にお祓いを受け、白木の小舟三隻に積まれ参拝者らが海岸まで運ぶ。桃の花や菜の花とともに海に流され、巫女たちが千羽鶴をまく。© 宇野五郎／芳賀ライブラリー

尾張津島天王祭［おわりつしまてんのうまつり］

● 愛知県津島市 津島神社 ● 7月の第4土曜日とその翌日

600年近くの伝統がある。祭りは数カ月にわたり行われ、そのクライマックスが、500余りの提灯をまとう巻藁舟が天王川を漕ぎ渡る「宵祭」と、その翌日の「朝祭」だ。「朝祭」では、市江車を先頭に6艘の車楽舟が楽を奏でながら漕ぎ進む。神前に布鉾を奉納するため、先頭の市江車から10人の鉾持が水中に飛び込み、川を泳ぎ、神社に向かって走る。© 左：下郷和郎 右：© 加藤敏明／共に芳賀ライブラリー

p.34（上）

諸手船神事［もろたぶねしんじ］

● 島根県松江市美保関町 美保神社 ● 12月3日

国譲りの意向を聞くため、美保の関で釣りをしていた事代主神（えびす様）を迎えに行くという、国譲り神話を再現する神事。装束をまとった氏子が9人ずつ、2艘の諸手船に乗り込み、互いの船に櫂で海水を掛け合い競漕する。水を掛け合うのは、その後上陸し神社に奉げ物をするための、禊ぎの儀式。船は神事の時以外は境内の船庫に安置され、およそ40年に一度つくり替えられる。© 下郷和郎／芳賀ライブラリー

神様ですが、祭りをその仕組みから見ると、多くの人びとの罪・ケガレ・災いが、磁石のように集められたものでもあります。

実は、ケガレからカミが生まれるのであって、はじめからカミありきではないのです。たとえば、路傍の道祖神（村の守り神）なども、兄と妹の近親相姦のタブーを侵したものとその由緒が語られることがあります。また人が身体の痛いところや患っているところをこすりつけ、災いをこすりつけた稲藁で人形をつくって村境へ送り出すと、その送り出したケガレが逆転してカミへと変わっているのです。汚い馬糞を踏んだら足が速くなるとか、漁村で水死体を夷と呼んで豊漁の神として祀るとか、蛇の皮を財布に入れておけばお金が貯まるなど、「縁起もの」のパワーというのは、すべて「ケガレの逆転」から生まれているのです。

異界に通じる水辺、子を授ける丸石と生き返る水

波に洗われ、水に洗われ続けて丸くなった石が集まる浜辺や河原も、水で浄化された空間といえます。

触ると子どもを授かるといわれる、丸い子産石（三浦半島）や、磨かれた勾玉が古代から尊ばれてきたのは、石の丸さが水の洗浄力を象徴するからでしょう。水辺で洗われて丸くなった、つまり水界からもたらされた石は、霊界に通じていて、子どもを授けてくれると信じられていたのです。

水の世界は、神の世界でもあり、神と交流できる世

御船祭［みふねまつり］

●和歌山県新宮市 熊野速玉大社 ●10月16日

1800年以上続く、熊野の神々の来臨を再現する伝統神事。御神霊を乗せた朱塗神幸船・諸手船・斎主船と共に、水先案内する船9隻に氏子区の若者がそれぞれ11人乗り込み約1.6キロ上流の「御船島」を3周して速さを競い合う。神事が終わると、御神霊は御旅所の杉ノ仮宮に導かれ、夕闇の中松明の灯りに古代の祈りが甦る。© 三前伊平／芳賀ライブラリー

加勢鳥［かせどり］

●山形県上山市 ●2月11日

江戸時代から伝わる、商売繁盛や火伏せ、五穀豊穣を祈願する行事。「稼ぎ鳥」「火勢鳥」に由来するとされる来訪神「加勢鳥」に扮する若者たちは、餅米の藁でつくった「ケンダイ」と呼ばれる蓑をまとい、「カッカッカーのカッカッカー」と町中を歌い踊り回る。極寒の中、観客たちは彼らに手桶から祝い水を勢いよく浴びせる。© 門山 隆／芳賀ライブラリー

界です。だから、伊勢神宮など神社の境内には、海から持ってきた白い玉砂利を敷く。水のある場所が聖なる場所となるので、伊勢神宮は、五十鈴川という上流が短い川、つまり流域で汚されることのないきれいな川のそばにあります。海外でも、フランスなどで教会の地下に清水が湧き、流れている例は多くあります。

文学者で民俗学者の折口信夫は「若水の話」で、沖縄県宮古島の「しぢ水」という言葉に注目し、それが、正月の若水と似ているようでいて、少し異なると述べています。宮古島の方言で、「しぢゅん（しでる）」とは、死んだようなもの（卵）が生き返るという意味で、蛇や鳥など卵生の生物が生まれるときに使われる言葉だといっています。そこから、王（天皇）など特別な存在が生まれる。つまり、王は普通に胎生で生まれるのではなく、卵生で生まれる、忌み籠って仮死状態になったところに外来魂が注入され、そこから孵化して誕生すると考えられたというのです。それが王（天皇）の誕生であり、即位儀礼になったと推測しています。

これは奇抜な発想のようですが、たとえば、ウミヘビの龍蛇さまを迎えて祀る出雲大社などの伝承によれば、出雲の古代王権は、三種の神器に通じる銅鏡・鉄剣・勾玉を神宝として天皇に捧げ、聖なる存在への霊力補給を継続してきました。そのような神宝献納という古代の儀礼が、とくに出雲国造の伝承として残されたのは、毎年神無月、荒れる西の海から漂着するセグロウミヘビを龍蛇さまと呼んで恭しく迎え、出雲大社や佐太神社などの古社へと奉納する儀式（神迎祭）を伝えてきたからでしょう。

セグロウミヘビは、毒性も強く、噛まれたら死んでしまいますが、生命力が非常に強くて、何度も再生すると考えられた。その龍蛇さまの霊威力への信仰と、古代の王の霊威力の更新儀礼とが出雲でリンクしており、それがさらに出雲から大和の天皇王権へもリンクして、新たな律令国家体制の中でも、出雲の王権は大和の天皇王権へ霊威力を補給する存在として位置づけられていたのです。それが、古事記や日本書紀の出雲神話が語っているところであり、出雲国造の補任にあたって繰り返し代替わりごとに行われた出雲国造神賀詞の奏上と神宝献納の儀礼が持っていた意味でした。

生命の誕生と死
——文明の起源となった水のイメージ

鎌倉の銭洗弁天や、きれいな清水の湧く泉などに、人は自然と小銭を投げ入れます。

以前、私がある駅前のきれいな清水の中に小銭を投げ入れておいたら、しばらくすると他の人も投げ入れて、小銭が溜まっていきました。なぜ人は清水にコインを投げ入れるのか。それは小銭が自分のケガレを吸いつけてくれていて、それを清めたいという衝動が生まれるからです。小銭というのは、いわばケガレの吸引装置です。先ほどの神輿と同じで、それを祓い捨てることで、自身も浄化されるように感じるわけです。

なぜ、小銭がケガレの吸引装置なのかというと、銭、現代でいう貨幣が誕生した起源に、人類による「死の

深川八幡祭り［ふかがわはちまんまつり］

● 東京都江東区 富岡八幡宮 ● 8月15日を中心に開催

寛永19年（1642）に将軍家光が行った、長男（のちの家綱）の世嗣祝賀がはじまりとされる祭り。「水掛け祭」の別名通り、沿道の観衆から担ぎ手に清めの水が浴びせ掛けられる。清めの意味と、暑さを和らげる機能を持ち合わせた「水掛け」だが、「ワッショイ、ワッショイ」と、担ぎ手と観衆が一体となって盛り上がる。© 芳賀日向／芳賀ライブラリー

盛岡舟っこ流し［もりおかふなっこながし］

● 岩手県盛岡市 ● 8月16日

享保年間に川施餓鬼の大法事を行ったのがはじまりとされる、先祖の霊をおくり無病息災を祈る伝統行事。夕刻、堤灯やお供え物などで飾りつけた「舟っこ」と呼ばれる舟を北上川に浮かべ、火を灯す。船首は龍頭を模したものが多く、町内会や寺院でつくられる。焼け落ちるまで見届け、下流で引き上げる。© 下郷和郎／芳賀ライブラリー

発見」があったからだといえます。

サルと異なり、ホモサピエンスはその進化の過程で「死」を発見しました。「死」の発見とは、死を理解して、言語化、概念化することです。言語化できれば、その言葉を通じて、実際に見ていなくても、ある人の死を共有できるようになります。

死ねば、肉体は腐っていきますから、放置できません。その死体への対処法が考えられ、実践されてきました。埋めたり、焼いたり、洞窟に隠したり、オオカミやコンドルなどに食わせたり、さまざまでした。このように遺体の処理方法が、社会や文化によって異なるのは、死への理解が生理や本能によるものではなく、まさしく文化、発見された文化だからです。

死が発見されたことで、新たな恐怖も生まれました。「こわい」という気持ちと、死者は「どこにいったんだろう」という、疑問も生まれてきます。霊魂観念と他界観念の発生です。それが宗教の誕生でした。「死の発見」は、宗教の誕生にとどまらず、精神世界のビッグバンをもたらしました。

逆に、人はどこから生まれてきたのだろう、と素朴に考えると、生まれてくるのは女性器からです。中国古代の新石器時代の遺跡からは、女性器に似た宝貝が沢山出てきます。生命を生み出す身体と水のイメージを体現するからこそ、宝貝は貨幣となったのでしょう。

貨幣は形式として誕生します。「貨幣は墓場である」と哲学者の今村仁司が言ったように、貨幣には形式と素材とがあり、貨幣にとっては形式が本質で、素材は何でもよかった。もっというと、人類が「死を発見」し、貨幣が誕生した瞬間に、形式としての貨幣が生まれた。その貨幣形式には、素材として金属でも穀物でも紙でもどんな素材が入ってもよいのですが、大事なことは、人類が死を発見したときに、形式としての貨幣が生まれたということです。そして、その形式としての貨幣が、宝貝を通じて生まれたということです。

中国の新石器時代晩期（前三〇〇〇年－前二〇〇〇年）の遺跡を調べると、はじめ宝貝は貨幣ではなく、卜占のできる特殊な人物の股間や口中などに副葬されていました。つまり、宗教の誕生は、あの世と霊魂の話ができるという人物を生み出します。その彼らのツールが、宝貝だったのです。その宝貝の裏側はすべて削られていて、覗くことができるようにされていました。それはその孔穴から、あの世を覗くことができると思われたからでしょう。

この世からあの世を覗いて見ることができて、その両方の世界を支配する者、それが王であり、その王の持ち物が宝貝だったのです。貨幣の形式は誕生しているのですが、まだ素材が投入されていない、そういう状態の中で、宝貝が、この世とあの世を含めて王が空間を支配する道具だったわけです。その一方で、王が時間を支配する道具は、暦でした。

西周時代（前十一世紀－前七七一年）の末期になると、青銅器の銘文に、たとえば、矩伯という人物が手に入れた毛皮は「宝貝八〇朋の価値をもつ玉璋に相当する」というような文言が現れます。つまり、宝貝が貨

銭洗い［ぜにあらい］
●神奈川県鎌倉市 ●銭洗弁天（宇賀福神社）ほか
財布のお金をザルにのせ、柄杓で霊水を掛け清める。© 杉山 綾 - stock.adobe.com

幣になっていたことがわかります。貨幣は、はじめは形式だけがあってそこに素材が投入されていない状態だったのですが、その貨幣の形式に宝貝という素材が初めて投入されたのです。これ以後は宝貝がそのまま貨幣になります。宝貝は、貨幣以前の長い経験を持ちながら、貨幣になる瞬間も体験し、貨幣となった後も体験している稀有な物なのです。

死の観念が生まれると、人は、計画的に生きていこうとします。これが、科学の誕生です。死の発見は、宗教の誕生でもあり、科学の誕生でもあったのです。そして、性行為がタブーになりました。キリスト教神話でも、アダムとイブは、りんごを食べてから、恥ずかしくなって性器を隠したという話がありますね。

人びとが何をもって霊魂の世界を想像したのかというと、やはり水の世界からでした。この世でありあの世でもある世界、空の青と海の青のイメージがあり、天から雨も降る。水の世界に包まれた私たち、という世界観ができていきました。その一つの神話的な表現が日本の場合にはスサノオ神話です。

水の象徴的な神――スサノオ

見るということは、対象を侵すことでもあります。だから、深夜の丑三つ時に藁人形を使って呪いをかけるときなどは、他の人に見られてはいけない。見られると、まじないや呪いの効力を失ってしまうからです。

同時に、目には感染性があります。知覚として見るだけでなく、象徴的な意味としてコミュニケーションする。見るということには、侵犯性と感染性の両方があるのです。

日本神話で、黄泉（よみ）の国に行ったイザナギの命（みこと）が、左の目をなぜ洗ったのかというと、イザナミの命の腐乱した死体を見てしまったからです。死のケガレが目から感染してしまい、うつってしまったからです。そして死臭をかいだから、鼻を洗う。黄泉の国から帰還したイザナギが、清水の川で左の目を洗ったときに生まれたのがアマテラスで、右の目を洗うとツクヨミ、鼻をすすぐとスサノオが生まれました。『古事記』『日本書紀』という神話の世界においても、ケガレを祓い清めた瞬間に神が生まれる、とされているのです。

とくにスサノオは、水を象徴する神として描かれています。海を治めるように父にいわれても泣き叫び、母のイザナミの国に行きたいといい、地上に降ろされ、地下水の世界、根国（ねのくに）に行きます。しかしまた、天上界に昇っていきます。そのとき、アマテラスにおまえの心は清らかか、汚いか、うけひ（誓約）をしてそれを確かめようといわれます。そして、うけひをします。そのとき、天皇家の先祖神のアメノオシホミミなどの神々が生まれます。

このように、泣き叫んで地上に降り、地下の根国に到り、また天上に昇って乱暴を働き、ふたたび高天原（たかまがはら）から追放されて出雲国の斐伊川（ひい）の上流に到り、八岐大蛇（やまたのおろち）を退治して櫛稲田姫（くしなだひめ）と結婚するというスサノオの動きは、ちょうど水蒸気が昇って雲になり、雨になって落ちて川になり、地下水になるという水の動きに重なります。だから、河川の水利の関係からも田の神になったり、洪水で暴れる神になったりしているのです。

暮らしの現実として、農耕や飲食など、水がなければ生きていけないわけですが、古代の人たちは象徴的な水の世界にまで思いを馳せていました。古代中国の思想では、重要な元素は、「木火土金水（もっかどごんすい）」だといわれ、そこから、さまざまな水の祭りも発生してきました。

古い神事でも、水上に船を渡して競争したり、海水を掛けて邪気を払ったりします。

たとえば、国譲り神話を再現しているという美保神社の諸手船神事では、神の使いとして木船を漕ぐ諸手船の漕ぎ手たちは、上陸前に激しく海水を掛け合います。水しぶきをあげて賑やかすのは、浄化するという意味はもちろん、それとともに、いわばフランス語のシャリバリcharivariにもつながるような、混乱と混沌を演出することによって世界を新たにする、更新するという、祭りの根源があらわれているように思えます。

五百個余りの提灯をまとった「まきわら船」が、ゆうゆうと天王川を渡る、津島の天王祭。約五百年前の室町時代末期頃から疫病退散の願いを込め、スサノオノミコトと習合した牛頭天王を祀る津島神社の夏の大祭だ。半球型の大きな提灯が川面に映って美しく、朝には津島の五艘に愛西市佐屋地区の「市江車」が先頭に加わって、六艘の車楽船が能人形を飾って、楽を奏でながら漕ぎ進む。

水が流れる川辺や海辺は、他界に通じる場所となる。お盆にかえってきた魂を、灯籠や供え物をのせた船とともに流して鎮めてかえす「精霊流し」。美しい灯籠や夏の夜を彩る花火は、この世に生きる者だけでなく、あの世に渡った者たちに捧げる。

役目を終えた茅の輪や人形などを川に流すのは、厄を引き受けたものを水によって浄化させ、かえそうとする祈りがこめられているのかもしれない。

神輿や身を清める・浄める（禊）	神輿を洗う 雪解け水の流れる川に入った神輿に水を掛ける 滝つぼで身を清める 滝で神輿を洗う 神輿を水中や火の中に投げる 新婚の男性が、元旦に井戸水を掛け合う 手や口をそそぐ	秩父川瀬祭（埼玉県秩父市 秩父神社） 鼠ヶ関神輿流し（山形県鶴岡市鼠ヶ関 厳島神社） 福井県池田町大本など 白瀑神社例大祭（秋田県八峰町） 宇出津のあばれ祭（石川県能登町 八坂神社） 西方水かけ祭（福島県三春町西方） 神社の手水
水を掛けて鎮める	戒名を書いた布に水を掛ける 墓石に水を掛ける 地蔵に水を掛ける	流れ灌頂 盆行事 水かけ地蔵（京都府東山区清水 地主神社）
水上の競争で賑やかし（リセット）	小型船の技術を競い合う 競走を神に捧げる 競走を神に捧げる	糸満ハーレー（沖縄県糸満市） ペーロン（長崎県長崎市） おしくらごう（山口県萩市）
船や神輿を水上に渡し、浄化する	宝来船に見立てて飾りたてた船を出して歌を歌う 飾提灯で飾った船を出す 華やかな和船を浮かべる 華やかな船を巡らせる 華やかな御幣を載せて川を渡す 華やかな山車を川に渡す 旗を掲げる船を湾に走らせる 百隻ほどの船が堂島川を渡る	ホーランエンヤ（島根県松江市、大分県豊後高田市など） 厳島神社管絃祭（広島県廿日市市宮島町） 御船遊管弦祭（福井県敦賀市 金崎宮） 采女祭（奈良県奈良市 采女神社） 川を渡るぼんでん（秋田県大仙市大曲地域花館地域） 川渡り神幸祭り（福岡県田川市 風治八幡宮） とも旗祭り（石川県能登町 御船神社） 天神祭（大阪府大阪市 大阪天満宮）
他界に通じる水（川）に流し、鎮める	灯籠を載せた舟を川辺に出す 供え物を載せた舟を海上に送り出し、霊を鎮める 湖面に赤飯や灯籠を載せた舟を浮かべる 山車の灯籠で照らす 濠に灯籠舟を流して火をつけ、灯籠を流す 桂川に灯籠を流す	送り盆まつり（秋田県横手市） 精霊流し（神奈川県三浦市、新潟県柏崎市ほか） 芦ノ湖湖水祭・鳥居焼き祭（神奈川県箱根町） 寄居玉淀水天宮祭（埼玉県寄居町） 宮津灯籠流し花火大会（京都府宮津市） 嵐山灯籠流し（京都市右京区嵐山）
神輿を水辺に運び、 浄化する（人が運ぶ）	人が神輿を運ぶ 大きな神輿（だんじり）を渡す 神輿に川と海を渡らせる	貴船神社夏まつり（山口県周南市 貴船神社） 西条まつり（愛媛県西条市 伊曽乃神社・嘉母神社・石岡神社・ 飯積神社） かっぱ祭（東京都品川区北品川 荏原神社）
神輿を水上に渡し、浄化する （船が運ぶ）	神輿を載せた船が渡る 御座船を水郷の街に巡らせる 御座船が渡る 御座船が渡る 壮麗な船行列で巡幸 川を海に見立て船渡り 女神の神輿を載せて渡る	貴船まつり（神奈川県足柄下郡真鶴町 貴船神社） 香取神宮神幸祭（千葉県香取市） 鹿島神宮御船祭（茨城県鹿嶋市） 塩竈みなと祭（宮城県塩竈市 志波彦神社・鹽竈神社） 坂越の船祭り（兵庫県赤穂市 大避神社） 船幸祭（滋賀県大津市 建部大社） みあれ祭（福岡県宗像市 宗像神社）
他界につながる 水辺（河原・砂浜）で交歓	河原で霊とやり取り、極楽を思わせる湖畔で祈る 子どもたちが歓待する 慰霊の踊りを踊る	恐山大祭（青森県むつ市） 乙父のおひながゆ（群馬県上野村） 白石踊り（岡山県笠岡市白石島）
水に洗われた石を尊ぶ	河原や海岸など、水辺で洗われて丸くなった石を尊ぶ風習 境内に丸石をしく	三浦半島 子産石 伊勢神宮など
払う・厄を流す（身代わり）	雛を流す（一対） 河原で一緒に過ごした後、サン俵の籠に入れて雛を流す 神の人形を各々の舟に入れて流す 紙人形を川に流す 仕事を終えた神楽の頭を川に流す	流しびな（鳥取県用瀬町など） カナンバレ（長野県北相木村） 鹿島流し（秋田県大仙市） 人形流し（栃木県小山市ほか各地で多数） 棧俵神楽（新潟県新潟市江南区 加茂神社）
新たな年を迎える、若返りの水	邪気の祓われた香水を川に注ぐ 邪気の祓われた香水を汲み取る 井戸や川、山の瀬から若水を汲む	お水送り（福井県小浜市 若狭神宮寺） お水取り（奈良県奈良市 東大寺） 日本各地で正月元旦に
汚すことで浄化を呼ぶ、甦らせる	泥で汚すことで、逆に浄化していく 仮面神が泥をつけて汚すことで厄を祓い、甦らせる	三ツ堀のどろ祭（千葉県野田市 香取神社） パーントゥ（沖縄県宮古島市宮古島）

執筆者紹介（五十音順）

小塩哲朗［おじお てつろう］
名古屋市科学館学芸員
1969年、愛知県生まれ。2014年の第56次日本南極地域観測隊に夏隊員として参加。著書に『南極ないない』（中日新聞社、2016年）など

新谷尚紀［しんたに たかのり］
國學院大學大学院教授、国立総合研究大学院大学・国立歴史民俗博物館名誉教授
1948年、広島県生まれ。著書に『お葬式―死と慰霊の日本史』（吉川弘文館、2009年）、『神道入門―民俗伝承学から日本文化を読む』（ちくま新書、2018年）など

内藤正人［ないとう まさと］
慶應義塾大学教授、同大学アートセンター所長
1963年、愛知県生まれ。国際浮世絵学会常任理事。著書に『うき世と浮世絵』（東京大学出版会、2007年）、『北斎への招待』（朝日新聞出版、2017年）など

間々田和彦［ままた かずひこ］
NPO法人エコテクみらい研究所副理事長
1955年、大阪府生まれ。カンボジア王国王立プノンペン大学教育学部客員講師。天体、気象、化学の実験教室を全国各地で開催

協力（五十音順）

上山観光物産協会、熊野速玉大社、島根県立美術館、すみだ北斎美術館、秩父神社、津島神社、DNPアートコミュニケーションズ、東京国立博物館、富岡八幡宮、芳賀ライブラリー、美保神社

水を見る―秘めたるかたちと無限のちから
Seeing Water Surprising Shapes, Unlimited Power

発行日	2019年4月26日　第1刷発行
企画	INAXライブミュージアム企画委員会
編集	坂井基樹＋坂本のどか＋田中真利＋江原亜弥〈坂井編集企画事務所〉、貝瀬千里
デザイン	松田行正＋梶原結実
写真	大川裕弘（特記のないもの）
イラスト図	坂本のどか（表紙、p.12-13） 山村ヒデト（p.8-11）
校正	市川浩人、合田真子
発行者	佐竹葉子
発行所	LIXIL出版 東京都中央区京橋3-6-18 TEL 03-5250-6571
印刷・製本	株式会社アイワード

本書の内容に関するお問い合わせは、
〈INAXライブミュージアム〉に直接お願いいたします。
〒479-8586 愛知県常滑市奥栄町1-130
TEL 0569-34-8282

ISBN 978-4-86480-916-0　C0340　¥1200E